U0155994

优秀技术工人
百工百法丛书

林学斌
工作法

连铸
电气设备的
点检

中华全国总工会 组织编写

林学斌 著

中国工人出版社

匠心筑梦 技能报国

技术工人队伍是支撑中国制造、中国创造的重要力量。我国工人阶级和广大劳动群众要大力弘扬劳模精神、劳动精神、工匠精神，适应当今世界科技革命和产业变革的需要，勤学苦练、深入钻研，勇于创新、敢为人先，不断提高技术技能水平，为推动高质量发展、实施制造强国战略、全面建设社会主义现代化国家贡献智慧和力量。

——习近平致首届大国工匠
创新交流大会的贺信

序

党的二十大擘画了全面建设社会主义现代化国家、全面推进中华民族伟大复兴的宏伟蓝图。要把宏伟蓝图变成美好现实，根本上要靠包括工人阶级在内的全体人民的劳动、创造、奉献，高质量发展更离不开一支高素质的技术工人队伍。

党中央高度重视弘扬工匠精神和培养大国工匠。习近平总书记专门致信祝贺首届大国工匠创新交流大会，特别强调"技术工人队伍是支撑中国制造、中国创造的重要力量"，要求工人阶级和广大劳动群众要"适应当今世界科技革命和产业变革的需要，勤学苦练、深入钻研，勇于创新、敢为人先，不断提高技术技能水平"。这些亲切关怀和殷殷厚望，激励鼓舞着亿万职工群众弘扬劳模精神、劳动精神、工匠精神，奋进新征程、建功新时代。

近年来，全国各级工会认真学习贯彻习近平总书记关于工人阶级和工会工作的重要论述，特别是关于产业工人队伍建设改革的重要指示和致首届大国工匠创新交流大会贺信的精神，进一步加大工匠技能人才的培养选树力度，叫响做实大国工匠品牌，不断提高广大职工的技术技能水平。以大国工匠为代表的一大批杰出技术工人，聚焦重大战略、重大工程、重大项目、重点产业，通过生产实践和技术创新活动，总结出先进的技能技法，产生了巨大的经济效益和社会效益。

深化群众性技术创新活动，开展先进操作法总结、命名和推广，是《新时期产业工人队伍建设改革方案》的主要举措之一。落实全国总工会党组书记处的指示和要求，中国工人出版社和各全国产业工会、地方工会合作，精心推出"优秀技术工人百工百法丛书"，在全国范围内总结100种以工匠命名的解决生产一线现场问题的先进工作法，同时运用现代信息技术手段，同步生产视频课程、线上题库、工匠专区、元宇宙工匠创新工作室等数字知识产品。这是尊重技术工人首创精神的重要体现，是工会提高职工技能素质和创新能力的有力做法，必将带动各级工会先进操作法总结、命名和推广工作形成热潮。

此次入选"优秀技术工人百工百法丛书"作者群体的工匠人才，都是全国各行各业的杰出技术工人代表。他们总结自己的技能、技法和创新方法，著书立说、宣传推广，能让更多人看到技术工人创造的经济社会价值，带动更多产业工人积极提高自身技术技能水平，更好地助力高质量发展。中小微企业对工匠人才的孵化培育能力要弱于大型企业，对技术技能的渴求更为迫切。优秀技术工人工作法的出版，以及相关数字衍生知识服务产品的推广，将为中小微企业的技术进步与快速发展起到推动作用。

　　当前，产业转型正日趋加快，广大职工对于技能水平提升的需求日益迫切。为职工群众创造更多学习最新技术技能的机会和条件，传播普及高效解决生产一线现场问题的工法、技法和创新方法，充分发挥工匠人才的"传帮带"作用，工会组织责无旁贷。希望各地工会能够总结命名推广更多大国工匠和优秀技术工人的先进工作法，培养更多适应经济结构优化和产业转型升级需求的高技能人才，为加快建设一支知识型、技术型、创新型劳动者大军发挥重要作用。

中华全国总工会兼职副主席、大国工匠

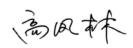

优秀技术工人百工百法丛书

机械冶金建材卷

编委会

作者简介
About The
Author

林学斌

1964年出生，鞍钢股份炼钢总厂设备点检员，正高级工程师，高级技师，东北大学首批思想政治理论课特聘教授。

曾获"全国劳动模范""中华技能大奖""全国五一劳动奖章""全国技术能手""辽宁工匠""辽宁省功勋高技能人才"等荣誉和称号，享受国务院政府特殊津贴。

作为一名设备点检员，他长期扎根生产一线，出色地完成了点检岗位工作，为钢铁生产保驾护航，为新鞍钢高质量发展提供设备保障支撑。他立足岗位，坚持科技攻关，先后解决生产难题200余项，累计创效3亿元以上。他完成引进连铸机操作系统界面汉化；破解外方加密程序，实现连铸机关键技术环节自主控制，实现部分硬件国产化；自主开发完成的连铸机自动加渣机，助力铸机机前实现无人化，完成绿色RH-TB真空高效处理设备关键技术研发与应用；完成切割机直流系统改交流系统的控制技术改进。他先后获得专利13项、辽宁省科学技术奖二等奖1项、第五届全国职工优秀技术创新成果二等奖1项。

以钢花为伴. 穷其一生,用匠心之土
打造钢铁脊梁.

林学斌.

目　录
Contents

引　　言
Introduction

钢铁，被称为"工业粮食"，广泛应用于建筑、交通、汽车、能源、军工等各个领域。鞍钢在 20 世纪末开始执行设备点检制，为探索适应中国钢铁工业企业设备管理发展提供了一种有效的方法。

设备点检员是保障钢厂设备稳定运行、生产高质量钢铁产品的重要一员，设备点检员是设备的管理员，是设备运行、维护、检修技术管理的中坚力量，对设备的技术状态负责。点检员按照一定的标准、一定的周期，对区域内设备规定的部位进行检查，以便早期发现设备故障隐患，及时加以修理调整，使设备保持其规定功能。设备点检制不仅是一种检查方式，而且是一种制度和管理方法。设备点检员在高效、大生产钢铁工业中发挥了不可替代的作用。笔者根据点检区域与设备状态不同，将总结的设备点检心得和保障设备稳定运行方法与同行业者分享。

　　本书主要阐述的是点检钢厂连铸电气设备过程中创立的点检理念、管理模式、点检方法与技术手段，以及在解决电气设备问题时采用的一系列创新方法。

第一讲

"清、紧、调、控"

——保障连铸电气设备稳定运行的四种方法

一、点检系统简介

设备管理是企业生产经营活动中的重要组成部分，现代化的企业生产经营需要与其相适应的现代化设备管理体系。如何建立高效的设备管理体系，解决好设备的使用与维修问题一直是设备管理工作者不断探索的课题。设备点检制自 20 世纪 80 年代从先进工业国家引入中国，得到广泛的应用，为探索适应中国工业企业设备的管理发展提供了一种有效的方法，特别是对流程工业企业更具有重要性和先进性。鞍钢这个大型国有企业，成功地应用了设备点检制，建立了以设备点检制为主体的设备管理体系，并将先进方法应用到生产实践中。

基层单位点检工作由设备主管厂长领导，设备职能部门管理，按生产工序、地域划分区域，设立机械、电气、动力等点检员。

设备点检标准由维修技术标准、点检标准、润滑标准和维修作业标准组成，简称"四大标准"，是点检定修的基本标准。

点检是现代企业设备管理的制度和方法。点检可分为日常点检、重点点检和精密点检。日常点检是指点检员进行的常规点巡检。重点点检是指重要设备每周进行的重点项目的检查和调整，或发现异常时进行的重点检查。精密点检是指专业人员用检测仪器、仪表，对设备进行综合性测试、检查，或在设备未解体情况下运用诊断技术、特殊仪器、工具或其他特殊方法测定设备的状态量，并对测得的数据对照标准和历史记录进行分析、比较、判定，以确定设备的技术状态和劣化程度。

作为钢厂连铸精炼系统的电气设备点检员、区域设备管理者，本人对区域内设备进行点检和周期性管理，经过多年的点检实践，立足岗位，创立了"三勤、三精、三准"的点检理念。"三勤"即勤学习、勤协作、勤处理；"三精"即精心、精细、精通，点检设备要精心，管理设备要精细，对技术要精通；"三准"即准时、准备、准确，定修检修要准时，备品备件准备好，检修内容要准确。总结出钢厂连铸精炼系统电气设备的"清、紧、调、控"管理模式，即对现场的电气设备要定期进行"清"灰保洁；对经常振动场所的电气设备端子与螺丝等要定期进行"紧"固；对长期使用的电气设备要定期进行精度"调"整；对重要的元器件进行定期跟踪管理，使之处于可"控"状态。

电气设备在现代化炼钢厂中扮演着重要角色，从小的单体设备到大型装备，都离不开电气设备的支撑。电气设备是否稳定、可靠，决定炼钢产线生产是否能顺利进行。通过"清、紧、调、控"的管理模式，形成了一套管理钢厂连铸精炼系统电气设备、保障电气设备稳定运行的方法。

二、"清、紧、调、控"管理模式

1."清"：设备清灰

对电气设备要定期进行清灰保洁，可极大降低设备故障率。

电气设备最怕的是灰尘，特别是处在多灰尘场所的现场设备，即使电气设备元器件密闭在现场电气柜内，还是会有灰尘进入，落在电气器件上。在夏季高温潮湿季节，极易引发电气设备短路故障，加上灰尘附着在电气设备上，引发电气设备散热不好、各种元器件温度升高，温升降低了电气设备绝缘强度，引起漏电流增加，造成绝缘击穿，引发短路、接地、火灾事故等。灰尘还会引起变频器、软启动器、电机等控制和驱动设备发热、温度升高，引起冷却风扇因灰尘大出现异常，造成冷却风扇转动困难，变频器、软启动器、电机等发生故障；灰尘会引起继电器、接触器触点、动静衔铁接触面吸合不严，造成触头接触不好、触头发热，动静衔铁之间引发异常声音、产生嗡嗡响。作为一名点检员要经常检查电气设备的卫生状况，对电气室内的电气柜以及现场的电气柜、操作箱、操作柜等设备，安排定日修、进行定期处理，及时清理电气设备上附着的灰尘。处理灰尘方法：停电后对电气室或操作室内操作站、工作站、可编程逻辑控制器（Programmable Logic Controller，PLC），采用吸灰法，重点部位使用毛刷、干抹布；对现场电机外壳、变压器外壳、电缆及托架等采用吹灰法，送电前需确认。

例如，现场各操作室操作站每季度进行停电解体清灰，各电气室PLC、工控机、不间断电源（Uninterrupted Power Supply，UPS）每半年进行一次清灰，并在年修时进行停电解体清灰，将可能因灰尘引起的故障彻底排除。

2. "紧"：端子紧固

对经常处于振动场所的电气设备端子与螺丝等要定期进行紧固。

电气设备怕振动，振动容易引起电气设备松动而发生故障。例如，端子松动引起导电回路局部接触电阻增大而产生高温，容易造成绝缘老化击穿，引发短路、接地、火灾事故等。因此要勤走、勤看、勤检查，对振动大的场所设备，要定期紧固。点检员要有超前的意识，根据设备关键程度、环境因素，科学、合理地制定紧固周期并严格执行，将故障消灭在萌芽状态。要掌握设备的使用周期，建立设备运行档案，做到定期检查、定期紧固，做好记录，形成痕迹化、闭环式管理，保证设备无故障运行。

例如，RH下料平台，由于振动幅度大，电机接线端子多次发现松动，应每两个月紧固一次，做好记录，保证设备无故障运行。

点检员要充分认识端子紧固的重要性，特别是对关键部件的端子紧固，必须制定详细的紧固周期并严格按照周期执行，通过闭环管理，不断摸索并优化端子紧固周期。在保证设备稳定的同时，也要保证检修效率和检修效益的最大化。

3. "调"：精度调整

对长期使用的电气设备要定期进行精度调整。

电气设备有其自己的稳定运行范围，特别是电子产品，当周围环境的温度、湿度、振动、电磁强弱、谐波及负载等发生变化时，其输出特性也会发生改变，影响电气设备的正常运行，因此定期对这类电气设备进行调试、调整，保证精度准确，确保不被降低，满足设备正常稳定运行显得非常重要。

4."控"

（1）周期控制

对电气设备管理要到位，下线有周期，设备有跟踪。周期下线检修是保证设备长期稳定运行的基础，任何设备都有其使用周期，前提是要建立好设备运行与更换周期档案，知道哪些设备已到更换周期，需要下线检修；哪些设备定修时应该改造等，做到未雨绸缪、有备无患。例如，连铸电气系统采取周期管理。电机定期下线，送修理厂家进行检修，对变频器、软启动器等也采取定期下线方法检修更换。

对下线送修后的电机、变频器、软启动器等要进行跟踪，严把质量关，不能验收检修质量不合格的设备。对下线检修的设备也同样要建立档案，将质量完好检修备件安放到生产线上，确保生产顺利进行。

（2）报废控制

定期更换备件是保证设备长期稳定运行的基

础，严格按"四大标准"进行设备管理和点检，对设备进行定期检修更换，但对达到使用寿命的电气设备绝不能迁就，必须定期下线报废，换下的报废备件不再维修。例如，真空台车移动电缆 1 年更换，水口操作电缆 3 个月更换，换掉的电缆不再使用；电气件如接触器、继电器根据使用寿命，定期更换；确保设备长周期稳定运行。到报废周期后换上的备件质量尤为重要，原装进口备件要用原型号，最好不要改型号，绝不能降低质量标准，否则后患无穷；如无原型号备品，改动型号的备件质量一定要等于或好于原装备件才可以改换。对于国产备件更换也一定要按上述原则处理，质量高的可以替代质量低的，绝不可用质量不好的替代现有备件，只可提升标准不可降低标准，严格把握备品备件的质量关。例如，连铸机用全长计数继电器使用了 16 年，是欧姆龙产品，原型号已不生产，但我们选择欧姆龙升级品保证了与原质量相同，且换下的计数继电器不再使用。点检员一定要心细，不但要有自己定期更换备件的计划，更重要的是一定把好质量关。认真掌握现场的在线设备，及时申报备品备件；严格把握好备品备件的质量验收，对于差的备品备件和与现场不符的备品备件，坚决拒绝接收。

三、点检与点检员的重要性

点检员是设备的保健医生。不但要随时掌握设备的运行状态、劣化趋势，还要善于总结发现设备在设计及实际运行中的某些不足之处，并加以改正，使设备在检修周期内长时间稳定运行，实现设备运行零故障。

方法是工作实践的总结，是指导工作的工具，只要严格执行点检"四大标准"，扎实工作、认真点检，就能够确保设备长周期稳定运行。扎实进行设备基础管理，认真贯彻落实各项规定，加大设备整治力度，使设备管理水平再上新台阶。

第二讲

"望、闻、问、切"
——连铸电气设备的四种点检方法

一、点检的意义

点检是设备预防维修的基础，是现代设备管理运行阶段的管理核心，也是现代设备管理意识的延伸和实施。通过点检人员对设备进行点检，采取早期防范设备劣化的措施，使设备的故障苗子消灭在萌芽状态之中，从而准确掌握设备状态，实行有效的预防计划维修和改善设备的工作性能，减少故障停机时间，延长机件使用寿命，提高设备工作效率，降低维修费用。

设备点检制的实质是以预防维修为基础，以点检为核心的全员维修制。

点检是根据设备的特点而进行的一种实时监测。其通过对设备关键点的检查，实时把握设备的状态，一旦出现问题，找出原因，及时维护，使设备处在健康的状态。

在日常连铸电气设备点检过程中，点检员犹如设备的"保健医生"。传统的"中医诊疗——望、闻、问、切"方法可以很好地应用于设备的日常点检工作中。"望、闻、问、切"中医合称为四诊,"望"指观气色,"闻"指听声息,"问"指询问症状,"切"指摸脉象。

二、点检过程中实际解决问题的方法

1. "望"

点检过程中的"望",是指细心观察设备运行状况,分为动态点检和静态点检。

2006 年 12 月 8 日,到操作岗位巡检,CRT 显示顶枪吹氧时离钢水太近,枪位与实际距离不一致。查码盘接手不松,码盘也没损坏,导线屏蔽正常,接地良好,无干扰信号,链条没问题,HMI 显示下枪过程计数值由 8780 到 4000 位移过程中突然跳回 8780。到枪体上细心观察行枪过程,发现走行轮加油软管振动后,离开原位向外,离待机位接近开关很近,致使枪在下行过程中加油软管再次使接近开关信号翻转,重新置数 8780 补正,从而使枪多走 1 米多。如果枪在下行过程中某种物体再次误挡补正接近开关，将使顶枪接近钢水，发生事故。及时采取措施：加固走行轮加油软管，使之远离接近开关；修改程序，将程序做提枪补正，降枪不进行补正。

2."闻"

点检过程中的"闻"，是指细心听设备运行的声音，包括设备在动态、静态运行时有无异常声音。

2006年9月19日，RH上料电弧吊上料时声音大，该吊离地面40多米，检查钢绳没有交联现象，到机侧试车，声音不正常，仔细检查吊体，发现电机壳体开裂，电机旋转过程中刮到破裂的壳体，发出异常声音。由于发现及时，避免了电机和料罐一同落下的事故发生。

3."问"

点检过程中的"问"，是指到操作岗位细心询问岗位人员对设备运行状态的反映，观看设备运行状况记录，询问设备运行时有无异常。

2006 年 10 月 6 日，2# 铸机年修，RH 工艺反映钢包旋转台锁定装置，由于锁定信号不来，不能抽真空，怀疑气缸压力不够，下到地坑挪极限位置，并在操作画面上增加模拟极限，当真极限不显示时，工艺人员确认情况，按此按钮，一天后工艺人员反映锁定信号又不显示，检查发现锁定轴体卡住、动作不灵，及时更换锁定轴体，避免 RH 停产。

4. "切"

点检过程中的"切"，是指细心用眼看、用手摸、用仪表测量，观察设备运行状况及参数，将设备动态、静态参数与标准参数对比。对有问题的设备进行处理，暂时不能处理的故障要做好记录，为定日修提供检修内容。

2006 年 11 月 6 日，顶枪下行吹氧突然停枪不升也不降，到电气柜发现主电源开关掉电，送电后试车正常，用钳形电流表测电流正常没发现问题；从操作人员处了解到，下枪过程高速时按了停止按钮，再用掐表监测电流，试高速停枪过程，电流增大，原因查明，即枪在高速下降时按停止按钮，枪立即上提，由于没有缓冲致使电流激增，导致跳闸。及时采取措施：禁止操作人员高速时停枪，并修改控制系统，将高速停枪做低速延时处理后返枪一切正常。

设备是我们制造产品、产出效益的工具，我们要共同爱护、共同关心。点检员要严格执行"四大标准"，明确点检是过程、稳定是结果理念，点检发现问题、解决问题是点检员的天职，只有把故障消灭在萌芽状态，才能确保设备稳定运行。

三、实施效果

依据多年点检经验，创立了"三勤、三精、三准"电气设备点检理念，"清、紧、调、控"管理模式，"望、闻、问、切"点检方法，将设备故障发生前的细微征兆进行捕捉并冷静分析，精致到点，细致到线，通过这些点检理念、点检模式、点检方法，对电气设备进行科学周期性管理，在管理中及时发现问题、解决问题，走在设备故障发生之前，未雨绸缪、防患未然，保证了钢厂连铸精炼系统管辖区域内电气设备长期稳定运行。

第三讲

RH 大罐顶升 VT5035
比例放大板

——四步调整法

一、四步调整法的意义

炼钢总厂RH炉系统于1999年投入使用，RH大罐顶升主要任务是负责顶起200t重的钢水罐，而顶升主要元件除液压泵系统外还有液压控制系统，核心控制部件是VT5035比例放大板，当现场比例阀损坏阀头出现短路接地等现象时，引起VT5035比例放大板损坏，然而新板不可以直接更换使用，需要对VT5035比例放大板参数进行重新调试，外方调试完毕生产后，没有留下任何调试RH大罐顶升VT5035比例放大板的方法，通过摸索与实验，开发出RH大罐顶升VT5035比例放大板调整方法，再经过步骤优化及通过自行开发"RH点检检修测试系统"软件的"RH大罐顶升VT5035比例放大板——四步调整法"系统，四步即可完成VT5035比例放大板调整，快速投入生产使用。

二、四步调整法在线操作步骤

VT5035比例放大板——四步调整法：

点击 HMI 步 1：调整 W1，直至测量值为 0.6V；

点击 HMI 步 2：调整 W2，直至测量值为 1.8V；

点击 HMI 步 3：调整 W3，直至测量值为 6V；

点击 HMI 步 4：调整 W4，直至测量值为 3V。

本操作法可快速对全新 VT5035 比例放大板和参数需要重新调整的比例放大板进行调整，只需四步。由于新板不可以直接上线使用，曾经出现直接上线使用造成系统故障和模板损坏的情况，用本法后再没发生类似故障。"四步调整法"快捷方便、画面按键互切、易于维护使用。

首先，将 VT5035 比例放大板上电，然后进入自行开发的"RH 点检检修测试系统"，点击进入"RH 大罐顶升 VT5035 比例放大板——四步调整法"画面，如下页图 1 所示。

HMI 点击"STEP1"：使 PLC 10% 输出点 ON，调整比例板 W1 电位器，直到测量值显示 0.6V 为止；

HMI 点击"STEP2"：使 PLC 30% 输出点 ON，调整比例板 W2 电位器，直到测量值显示 1.8V 为止；

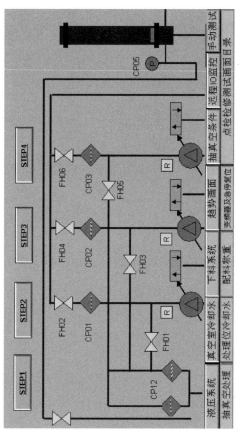

图 1　"RH 大罐顶升 VT5035 比例放大板——四步调整法" 画面

HMI 点击"STEP3"：使 PLC 100% 输出点 ON，调整比例板 W3 电位器，直到测量值显示 6V 为止；

HMI 点击"STEP4"：使 PLC 50% 输出点 ON，调整比例板 W4 电位器，直到测量值显示 3V 为止。如下页图 2 所示。

到此，VT5035 比例放大板调整完毕，画面选择"调整结束"。

"四步调整法"使 VT5035 比例放大板调试更加快捷方便，电气点检人员都可以按画面操作完成 VT5035 比例放大板调试，且马上即可投入使用。"四步调整法"可以在需要数字量调节使用 VT5035 比例放大板的工业系统上应用。

此操作法是在不影响生产前提下，在线对 VT5035 比例放大板进行更换调试处理，具有省时、省力、省钱、快速等特点。

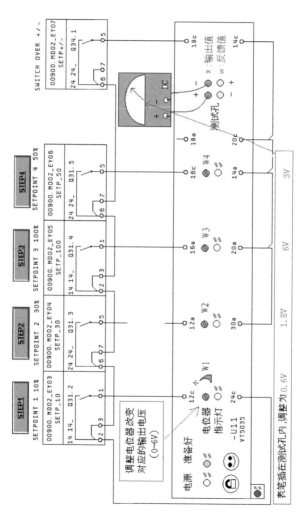

图 2　调整电位器改变所对应的输出电压（0~6V）

三、实施效果

RH 投入生产以来，VT5035 比例放大板出现故障时，在不影响生产前提下，在线对 VT5035 比例放大板进行更换调试，采用"RH 大罐顶升 VT5035 比例放大板——四步调整法"，仅用几分钟就使问题得到快速解决。

通过采用上述方法，使隐患及故障得到快速处理，多次有效防止了事故发生，保证了 RH 大罐顶升的准确率，杜绝故障，已经多年没有事故，提高了产能，保证了连铸生产的顺行。两台 RH 大罐顶升采用"VT5035 比例放大板——四步调整法"至今已创造出很好的经济效益。

第四讲

在线快速处理漏钢预报故障的"清、封、校"法

一、漏报与误报对连铸机的影响

第二炼钢厂大板坯连铸漏钢预报检测系统主要元件是热电偶，结晶器在线生产一段时间后，计算机画面有时出现"顿感""浸水"等现象，且温度显示不准，影响连铸漏钢预报准确率，引发误报和漏报，甚至发生漏钢。更换未到下线周期的结晶器费时费力影响生产，针对上述问题我们采用"清、封、校"操作方法，能够在线快速解决漏钢预报检测异常问题，杜绝漏钢发生。

二、"清、封、校"法操作方法

（一）具体步骤

1."清"

对结晶器热电偶孔端进行快速清污，采用细杆金属长毛刷清除孔壁和热电偶接触面处金属氧化物等污物，对热电偶与连接导线接头处插头插座接触面及周边灰尘污物进行保洁处理，有效解决"顿感"发生。

2."封"

对结晶器热电偶孔外端进行快速密封，排除孔内污物与水汽，快速更换密封圈，防止水汽进入，对热电偶与连接导线接头处插头插座周边进行密封处理，有效解决"浸水"发生。

3."校"

对温度检测系统进行快速调整校对，将热电偶与连接导线接头处断开，用信号源对控制系统 V/I 变换器入口加 1~5V（V/I 出口加 4~20mA）信号，对温度显示进行校对，看有无信号衰减与偏差，确保热电偶检测温度传输精准，有效处理温度不准发生。

（二）原理理论与技术论证

1. 顿感

现象：在钢水浇铸阶段，某个热电偶与其相邻的热电偶相比，温度低了约 30℃，且和对面的热电偶相比，温度变化次数明显减少，影响温度检测，造成漏钢预报系统漏报、误报。顿感曲线如图

3 所示。

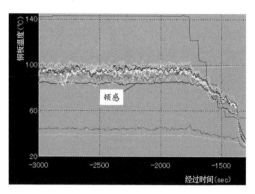

图 3　顿感曲线

　　原因：热电偶没有直接接触到结晶器铜板，处于间接受热状态。由于接触面有异物（氧化铜皮或其他物品）造成间接接触，或振动等原因造成偶头与铜板接触面不牢。

　　方法：检查并确认偶孔内是否有异物夹在偶头与铜板之间，对结晶器热电偶孔端进行快速清污。采用细杆金属长毛刷清除孔壁与热电偶接触面处金属氧化物等污物，对热电偶与连接导线接头处插头插座接触面及周边灰尘污物进行保洁处理，并清除异物。紧固热电偶的螺栓和弹簧，将其更换或重新紧固，有效解决"顿感"发生。

2. 浸水

现象：从图 4（b）漏钢前温度变化上看，某热电偶的温度总是低于 100℃。

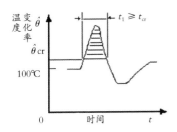

（a）漏钢前热电偶温度变化
正常检查温度曲线

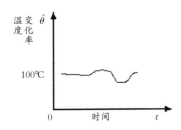

（b）漏钢前热电偶温度变化
浸水曲线

图 4　漏钢前温度变化

原因：由于结晶器冷却水浸入热电偶偶头的槽内，与铜板直接接触并升温，而水的温度最高只能升到100℃，所以热电偶检测的是沸水的温度。影响温度检测，造成预报系统漏报、误报。

方法：解决该故障的方法是利用浇次排除孔内污物与水汽，快速更换密封圈，防止水汽进入。检查密封圈，若密封圈破损可将其更换，紧固弹簧垫。对热电偶与连接导线接头处插头插座周边进行密封处理，有效解决"浸水"发生。

3.温度调校原因

变换器及信号源受温度及振动干扰，使信号衰减出现偏差。

方法：对出现上述问题的热电偶的温度检测系统进行快速调整校对，将热电偶与连接导线接头处断开，用万用表测量热电偶，将断偶、短偶拆除，更换新偶，用信号源对控制系统 V/I 变换器入口加 1~5V（V/I 出口加 4~20mA）信号，对温度显示进行校对（20 mA 对应 400℃、4 mA 对应 0℃），看有无信号衰减与偏差，通过调整变换器斜率与增益，确保热电偶检测温度精准，有效处理温度不准发生。

第二炼钢厂连铸机漏钢预报原理：

在结晶器上水平安装 26 个热电偶（图 5 中 A~G）。当铸坯黏结且撕裂，形成黏结漏钢典型特征的 V 字结构，该 V 字结构与钢水液面呈 20°~45° 水平夹角。热电偶检测温升顺序依次为 C → B → D → A，即会产生如下页图 6（a）所示的温度变化，且该温度变化满足如下页图 6（b）所示的条件。

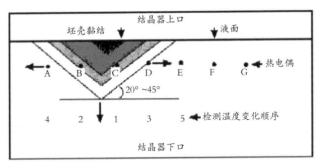

图 5　热电偶温度变化顺序

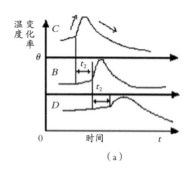

（a）

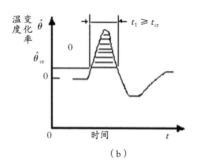

（b）

图 6　漏钢前温度变化

另外，从一个热电偶到相邻最近的热电偶发现温度变化的时间［图 6（a）中的 t_2］也是一个重要因素。因此漏钢预报系统要发出漏钢预报信号需满足以下三个基本条件：

① $\theta \geqslant \theta_{cr}$，$\theta$：温度变化率；$\theta_{cr}$：温度变化率

临界值。$t_1 \geqslant t_{cr}$，t_1：温度变化时间；t_{cr}：温度变化时间临界值。

②热电偶温度变化的顺序应该从左到右再到左，或从右到左再到右交替发生变化，温升满足三点成立（三个热电偶温度都升高）。

③从一个热电偶到相邻最近的热电偶发现温度变化的时间 t_2。

计算机实时对热电偶检测温度进行分析，根据已建好的数学模型进行程序判断，当满足上述三个条件，立即发出漏钢报警信号，如下页图 7 所示。

由于连铸机漏钢预报系统具有单排热电偶特点，此操作法是在不更换结晶器前提下，利用浇次间隔对在线问题热电偶进行处理，与国内外同行业比较，具有省时、省力、省钱、快速等特点。

三、实施效果

2022 年 3 月 16 日，3STR 热电偶 T106、T107、T108 连续出现"顿感"，在不更换结晶器的前提下，

时刻	Vc	T104	T105	T106	T107	T108	T109	T110
02:06:46	0.87	0.0	0.0	-0.2	+0.1	+0.3	-0.1	0.0
02:06:47	0.87	0.0	0.0	+0.1	+0.2	+0.6	+0.1	-0.1
02:06:48	0.87	0.0	0.0	0.0	+0.3	+0.7	+0.1	+0.1
02:06:49	0.87	0.0	0.0	-0.1	+0.3	+0.7	+0.1	0.0
02:06:50	0.87	0.0	0.0	+0.1	+0.5	+0.8	+0.1	-0.1
02:06:51	0.87	0.0	-0.1	+0.1	+0.5	+0.8	+0.4	+0.1
02:06:52	0.87	-0.1	-0.1	+0.2	+0.5	+0.7	+0.6	+0.1
02:06:53	0.87	0.0	0.0	+0.3	+0.5	+0.5	+1.2	+0.1
02:06:54	0.87	0.0	-0.1	+0.6	+0.4	+0.5	+1.3	0.0
02:06:55	0.87	-0.1	-0.2	+0.8	+0.4	+0.3	+1.5	+0.1
02:06:56	0.87	-0.1	-0.1	+0.5	+0.4	+0.3	+1.4	-0.2
02:06:57	0.87	-0.1	-0.2	+0.6	+0.3	+0.1	+0.3	0.0
02:06:58	0.87	-0.4	+1.0	-0.2	-0.6	-0.6	-0.9	-0.6
02:06:59	0.87	-0.6	+0.9	-0.2	-0.6	-0.7	-1.1	-1.0
02:07:00	0.87	-0.5	0.0	-0.1	-0.6	-0.6	-1.0	-1.1

图 7　漏钢预报报警实际值

利用浇次间隔在线对上述 3 个热电偶采用"清、封、校"方法，仅用 20min 使问题得到快速解决。

通过上述方法，使隐患及故障得到快速处理，多次有效防止了连铸漏钢预报检测系统"顿感"、"浸水"、温度显示不准等现象发生，保证了连铸漏钢预报的准确率，杜绝误报和漏报，到现在已经多年没有发生黏结漏钢事故，提高了产能，保证了连铸生产的顺行。两台连铸机采用"清、封、校"方法至今已创造出非常大的经济效益。

第五讲

RH 蒸汽调节阀"一调两看三听"点检法

一、蒸汽调节阀对 RH 生产的重要性

炼钢总厂 RH 真空处理是鞍钢第一套真空处理设备，设备多为进口，许多设备以前没有，点检维护难度较大，有其特殊性，如 RH 蒸汽调节阀。RH 蒸汽调节阀是控制蒸汽喷射泵工作的唯一控制元件，它的损坏直接影响系统生产。RH 投产以来蒸汽调节阀故障率较高，经常出现的问题：阀门定位器控制位置偏差，接手螺栓松动、剪切，阀杆断，阀门膜片损坏，阀陀脱落，极限开关不动作等。通过不断地点检、研究，总结出"一调两看三听"点检法。

二、对蒸汽调节阀的检查与调整

1. "一调"

调节阀是靠阀门定位器调整其开度来控制流体或气体的流量，以实现对系统压力、温度和流量等参数的调节。具体而言，通过改变调节阀的阀门开度大小，可以调整介质的流通面积，从而改变流体

或气体的流速和体积流量。这样就可以达到预期的调节目标，如控制管道内的液位、温度或压力等。但由于调节阀长时间使用，阀门定位器控制会出现控制与反馈之间偏差、不准，这时需要对阀门定位器开口度、零点等进行校正调整，消除实际位置与反馈之间的偏差。

阀门定位器的调整方法通常包括以下几个步骤。

①确认阀门位置：确认阀门处于关闭状态并断电。

②安装定位器：将更换的定位器固定在阀门上（如果继续使用原有阀门定位器，要对其本体及连接杆等进行紧固）。

③连接信号线：将控制用信号线连接到定位器的给定端子。

④校准定位器：根据实际情况进行定位器的校准，包括零点校准、量程校准等。

⑤调整调节阀阀门位置：根据需要进行阀门位置的调整，可以手动或自动调整，使其开度满足现

场工艺对流量、压力的要求。

⑥检查调节阀阀门运行情况：测试阀门运行是否正常，如果有异常情况需要及时处理。

在调整阀门定位器时应该注意安全，防止发生意外。同时需要按照设备使用说明书进行操作，以避免不必要的损失。

2."两看"

一看阀门表观状态：阀门是否垂直，是否晃动，各处螺栓是否松动、锁紧牢固、齐全无缺损，气路有无泄漏，线路是否完好。

二看动作：阀门动作平稳、速度均匀、行程正常。阀门开启过程中如果出现振动，说明拉杆松动、阀杆不对中；间歇运行说明阀杆对中不好、接手松动；运行速度不均说明气缸膜片损坏、接手间隙大；阀门行程过小说明气缸膜片损坏、气缸弹簧损坏，行程过大说明调节阀内部阀陀脱落。

3."三听"

一听气控部分有无泄漏：通过声音可以判断出

驱动调节阀动作的气源管是否泄漏、是否正常。

二听阀门内介质流动声音：阀门开启时声音由无突然变大再逐渐减小。阀门关时，阀门内有声音说明阀门关闭不严有泄漏；阀门开时，声音间断、不平稳说明阀陀松动或掉落影响过气量；阀门开启过程中，声音变化不大或有刺耳尖叫声说明阀陀脱落。

三听阀门排气声音：阀门关时，排气口有声音说明电磁阀入出口连通泄漏，气缸有声音说明电磁阀不严气体进入气缸；阀门开时，气缸有声音说明气缸内膜片损坏。

三、实施效果

通过采用 "一调两看三听" 法，经过不断点检与经验积累，对发现的蒸汽调节阀隐患以及对不合理的地方进行改进，RH 设备故障率有了明显降低，原来每台调节阀故障发生周期为 1 次 /5~6 个月，6 台蒸汽调节阀平均每月发生一次故障。现在已经几年没有发生类似故障，提高了产能，保证了生产的顺行，产生了非常好的效果。

点检员作为设备的最基层管理者，时刻要本着"我是设备主人、对设备终身负责"的态度，充分发挥自主创新能力，拓宽工作思路，跳出固有的思维模式，以爱厂如家的工作热忱始终秉承"降本增效、推进绿色再制造"的设备管理精神，做好设备点检工作，尽可能地为企业生产经营节约成本，为企业的可持续发展奉献出自己的一份力量。

第六讲

DF150 真空室烘烤控制系统
三步调整法

一、烘烤控制系统简介

炼钢总厂 RH 炉系统主要任务是负责处理完成钢水的脱氢脱碳。而待机位烘烤是对真空室进行烘烤加温，以达到钢水在真空室内循环脱气时所匹配的生产用温度，其整个烘烤控制系统是由德国设计、调试，其系统交付生产后存在两个缺陷，一是不能离线测试调整该系统，二是不能离线对新部件及现场更换的器件进行好坏判断。

该控制系统主要由核心控制器 DF150、火焰检测器、点火器组成，当现场 UV 探头火焰检测器、点火器损坏出现故障或短路接地等现象时，极易引起 DF150 核心控制器损坏，而更换新控制器和其他部件时需要对 DF150 等进行在线设置与调试，由于现场环境恶劣，而在线更换这些部件，需要很长时间，对人身安全是个考验。本人根据现场多年点检维护经验和处理该类故障经验，自制离线测试调整系统，依靠离线调试系统"DF150 真空室烘烤控制系统三步调整法"，三步即可完成对 DF150 系统调整，快速投入生产使用。

应用该离线测试调整系统完成对各个分体器件调整后，提供给现场维护人员，可以直接上线使用，大大减轻了维护人员的劳动强度，缩短了处理故障与更换部件的时间。

二、三步调整法操作方法

RH真空室DF150烘烤控制系统三步调整法可快速对全新DF150控制系统参数重新设置调整，只需三步，调整快捷方便、易于维护使用。其三步分别是：

① DF150控制单元测试与调整。

火焰等级识别检测与调整。首先，将DF150控制器上电，进入自行搭建的离线实验检修测试系统，将DF150控制器数字量开关拨到9，即对DF150控制器火焰检测的灵敏度调整，级别分别是1~9，现场经验是将其调整到9，用打火机即可实现最小火焰级别判断，实现对火焰有无的确认。如果检测不到火焰信号，可以将灵敏度调整为 8，依次调整，如果到 1 还检测不到火焰，可以判定该控制器不能使用，可以更换新品。

②D_LE103 UV 探头检测测试与调整。

通过小火源对其火源分辨能力进行测试，检测其火焰判断能力强与弱。方法：用打火机离其500~1000cm 距离，移动其火焰，可以对最小与最大火焰进行识别与检测。如果检测不到，说明其损坏，需要修理或更换新品。

判断分析 D_LE103 UV 探头好坏方法，如第52 页图 8 所示。

测量 D_LE103 UV 探头接线端子的 3、6 端，有 DC20V 直流电压，说明 DF150 控制单元供电系统正常，电源已经供到 UV 探头，此时用打火机火焰或烘烤真空室火焰对准探头，测量 UV 探头接线端子的 1、4 端，应该有 0~5V 脉动信号，在D_LE103 UV 探头处能听到"咔嗒、咔嗒"火焰检测继电器发出的"一通一断"的脉冲信号声。如果没有反馈信号，说明探头有问题，需要更换UV探头。造成UV探头损坏的原因一般是冷却风流量不够、温度过高，因此加强对UV探头及接线端子的冷却保护非常重要。特殊情况换线或换探头时接错线路也可造成损坏，需重新确认线路并重新接线。

　　D_LE103 UV探头接线端子如下页图8所示。如果测量D_LE103 UV探头接线端子的3、6端，没有DC20V直流电压，说明DF150控制单元供电系统可能有问题。DF150控制单元端子的46、48端，如果有DC20V直流电压，说明到探头的供电线路出现断路，检查其供电线路是否断路，接线端子是否松动；如果测量DF150控制单元端子的46、48端，没有DC20V直流电压，说明DF150控制单元有问题，需要检查DF150控制单元内部供电保险是否断了，供电线路如有短路或接地，极易造成DF150控制单元内部保险的熔断，此时一定要对线路进行确认，拆下端子的46、48号线及45、47号线，并拆下UV端的3、6号线及1、4号线，用万

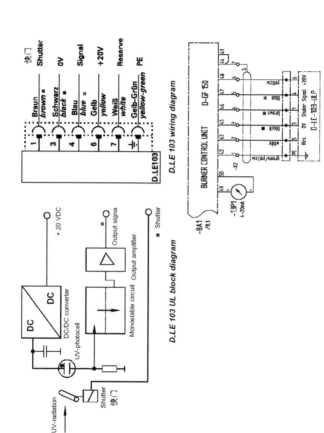

图 8　D_LE103 UV 探头接线端子

用表及兆欧表对线路的线间与线对地之间的绝缘进行测量检查，排除外线路故障，确保外线路正常，这样可以更换控制单元及探头。

③ ZA0_60N点火器检测测试与调整。

加电压观察点火状态是否正常，正常情况下能够发出"啪、啪"的打火声。

判断分析 ZA0_60N点火器好坏方法如下页图9所示。

ZA0_60N点火器接线端子的1、2端（盘内端子X1:36、37端）加入AC220V电压，测量ZA0_60N点火器端子9、10端应该有DC90V直流电压反馈信号，同时可以听到"啪、啪"的点火声音，观察 ZA0_60N点火器出口端能够看到蓝色高压电击激发出火星，说明 ZA0_60N点火器是好的；如果无反馈电压，但还能看到蓝色高压电击激发出火星，说明打火器正常，只是点火反馈回路有问题，可以继续使用；没有反馈信号，可以检查外部线路是否有问题，如果无点火火花，说明点火器有

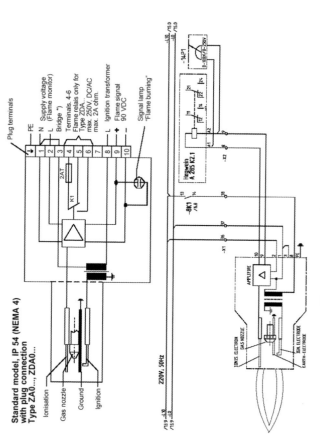

图 9　ZA0_60N 点火器接线

问题，需要更换点火器。更换前一定要对外接线路进行确认，否则如果线路有问题，换后还会出现损坏，甚至造成控制单元损坏。造成点火器损坏的原因一般是冷却风流量不够、温度过高，因此加强对点火器及接线端子的冷却保护非常重要。另外，特殊情况换线或换探头时，接错线也可能造成损坏，需重新确认线路并重新接线。

三、实施效果

开发 DF150 控制器离线测试系统，可以在离线状态下对 DF150 控制器及 UV 探头、点火器好坏进行判断与处理，也可以对调试好的部件投入离线运行，对其好坏进行离线运行跟踪，在上线前做到完全彻底的检查与完好性调试，实现离线完好整备，节省现场判断设备好坏时间，需要时直接安装上线运行，投入使用。

RH 生产多年，当烘烤控制发生系统故障时，查找费时费力，无从下手，现场环境恶劣，温度、煤气容易对人身安全构成威胁，快速处理该系统故障，对人、对生产都有极大的好处。几年来，在不影响生产前提下，离线调试，在线更换，采用"DF150 真空室烘烤控制系统三步调整法"，仅用很少时间即可使问题得到解决。此法可在不影响生产前提下，在线对 DF150 烘烤控制系统进行更换调试处理，具有省时、省力、安全、快速等优点。

　　通过采用上述方法，使隐患及故障得到快速处理，保证了连铸 RH 生产的顺行，使用至今已创造出很好的经济效益。

后 记

鞍钢是新中国最早开工的大型钢铁企业。1949年6月27日，鞍钢第一炉铁水作为新中国诞生的贺礼，从2号高炉缓缓流出。自此，新中国工业化伴随着钢铁工业的起步开启了全新的进程。新一代鞍钢人在"创新、求实、拼争、奉献"的鞍钢精神鼓舞下，不断前进着，面对创新驱动发展的时代要求，尽快完成从"技能型"到"智能型"的转型升级，紧跟中国智能制造对产业工人的要求，为鞍钢能够紧跟甚至超越世界钢铁企业自动化技术水准，作出新的更大的贡献。

我作为在新中国钢铁工业摇篮中成长起来的大国工匠，在40年的工作经历中，更加充分地认识到创新是经济社会竞争的核心要素。当今社会的竞争，与其说是人才的竞争，不如说是人的创造力的竞争。因此，我以创新工作室为平台，将创新作为工作的一部分，带领工友们用新的方法、新的工艺、新的技术解决了企业生产中各类制约生产的问题。本书介绍了我在钢厂点检实践与创新过程中获得的一些感悟与心得，文中还有很多缺陷和不足，需要进一步完善与改进，诚恳希望各界专家多提出宝贵意见。

2023 年 5 月

图书在版编目（CIP）数据

林学斌工作法：连铸电气设备的点检 / 林学斌著. —北京：中国工人出版社，2023.7
ISBN 978-7-5008-8227-5

Ⅰ. ①林… Ⅱ. ①林… Ⅲ. ①连铸设备－设备管理 Ⅳ. ①TG233

中国国家版本馆CIP数据核字（2023）第126486号

林学斌工作法：连铸电气设备的点检

出 版 人	董 宽	
责 任 编 辑	时秀晶	
责 任 校 对	张 彦	
责 任 印 制	栾征宇	
出 版 发 行	中国工人出版社	
地 址	北京市东城区鼓楼外大街45号	邮编：100120
网 址	http://www.wp-china.com	
电 话	（010）62005043（总编室）	
	（010）62005039（印制管理中心）	
	（010）62046408（职工教育分社）	
发 行 热 线	（010）82029051 62383056	
经 销	各地书店	
印 刷	北京美图印务有限公司	
开 本	787毫米×1092毫米 1/32	
印 张	2.5	
字 数	35千字	
版 次	2023年8月第1版 2023年8月第1次印刷	
定 价	28.00元